Images
of the Mind 画说心理

# 你的心事，

UnspokenWords
Psychology Hears

# 心理学
# 听得懂

U0877807

亓毛毛　江湖边　高文洁
著绘

化学工业出版社
·北 京·

**图书在版编目（CIP）数据**

你的心事，心理学听得懂 / 亓毛毛，江湖边，高文洁著绘. -- 北京 : 化学工业出版社，2025. 11.
(画说心理). -- ISBN 978-7-122-48898-5

I. B84-49

中国国家版本馆CIP数据核字第2025T56Q51号

责任编辑：王　越　赵玉欣　　　　装帧设计：尹琳琳
责任校对：王　静

出版发行：化学工业出版社
（北京市东城区青年湖南街13号　邮政编码100011）
印　　装：北京新华印刷有限公司
880mm×1230mm　1/32　印张$3^{3}/_{4}$　字数74千字
2026年2月北京第1版第1次印刷

购书咨询：010-64518888　　　　售后服务：010-64518899
网　　址：http://www.cip.com.cn
凡购买本书，如有缺损质量问题，本社销售中心负责调换。

定　　价：29.80元　　版权所有　违者必究

# 主创

漫画文案：

漫画绘制：

# 创作团队

心理学漫画作者，插画师，
曾制作出版心理学漫画书
《猫和狗的生活哲学》
《这一次，让我紧紧抱住你》。

独立撰稿人，
心理学编辑。

独立执业心理咨询师，
北京师范大学临床与咨询心理学硕士，
曾任某三甲精神科医院进修心理治疗师，
心理科普创作者。

自由撰稿人，
住在海边的“I人”。

自由撰稿人，
北京师范大学心理学部在读。

# 前言

对我而言，心理学是一门很令人着迷的学科，它给我的生活带来了很多切实且巨大的帮助：

- 从害怕当众演讲，到即使一边哭一边说也想试着与大家交流；
- 从情感隔离，到开始慢慢学会观察自己的身体表达与内心感受；
- 从无节制地情绪性消费，到想真正爱自己、努力为自己计划幸福的生活；
- 从与母亲整日崩溃地大吵，到愿意迈出一小步，多理解对方一点点；
- 从被职场折磨深感痛苦，到看清事情本质不再总怪自己；
- ……

心理学没有使我变得完美，但它使我变得愿意欣赏不完美的自己！同时，我变得内心更有韧性、变得更舒服、更愿意往前一点去了解更大的世界。

所以我总是迫不及待地希望它能被更多人知道。希望它同样能给我的朋友、伴侣、亲人带去些生活的慰藉，增加一个了解自己的方式。

我不间断地以漫画形式表达心理学的思维、观点、知识已有八个年头了，漫画这种承载形式让我欣喜若狂，因为它可以让文字变得生动易读，让可阅读人群变得更广泛，让心理学这门对生活有直接帮助的学科更容易被理解与接受。

所以当与温柔的编辑老师一拍即合，确定下来我们要一起做这套涵盖生活多方面主题的心理学漫画书时，我简直开心到想狂奔！

这套书中的主人公们正如生活中的我们，在不同场景下有着各种各样不同的小烦恼。也许你会在其中看到自己的影子，或者身边人的影子。如果你有类似的烦恼，并可以从这套书中收获一些启发，那真是太棒了！

不过我们也想再提醒一下：心理学可以作为理解自己和他人的工具，但我们不应据此标签化自己或他人。

下面我来向你介绍一下这套心理学漫画吧！我们通过区分生活中的不同场景，把它分为了七个不同主题。不分先后顺序，每个主题讲述10个左右生活中常见的话题。你可以选择全部阅读，也可以选择感兴趣的场景或话题单独阅读：

- 《打工人已上线：职场心理学》包含不想上班、拖延、“躺平”、心理弹性、“工具人”、渴望退休、“空心病”、愚蠢而不自知的人、中年危机、有效休息等话题；
- 《圈子中的你我他：社交心理学》包含道歉与原谅、玩手机停不下来、内向性格、边界感、朋友间的占有欲、“搭子”文化、深度支持、“拉黑”、关系质量等话题；

- 《是心动呀：亲密关系心理学》包含完美爱情、依恋模式、财务健康、情感操纵、嫉妒、“自杀式”单身、救世主情结等话题；
- 《你是什么颜色的：人格心理学》包含社交恐惧、过度依赖、自恋、完美主义、高敏感、讨好、冒名顶替综合征、表演型人格、暗黑人格、MBTI等话题；
- 《局部有雨，多云转晴：情绪心理学》包含被动攻击、非暴力沟通、情感冷漠、情绪颗粒度、抑郁、悲伤、羞耻感等话题；
- 《快乐多少钱一斤：琐事与幸福心理学》包含与宠物相处、金钱观念、匮乏感、怀念过去、偶像“塌房”、主动熬夜、囤积、重新养育自己等话题；
- 《你的心事，心理学听得懂》关于心理学和心理咨询两大领域的概貌，包含原生家庭、心理学标签化、如何寻得合适的心理咨询师等话题。

你可以在这套漫画书中了解到：日常生活中的很多现象为什么会发生？我的朋友为什么会那样做？人和人的选择为什么差距那么大？他怎么了？我怎么了？当你希望获得心理帮助时，需要注意什么、避免什么？面对xx问题我可以怎么做？……

心理学虽不是万能的，但心理学的思维可以给生活带来很大帮助。

希望你阅读旅途愉快！生活旅途顺利！人生旅途尽兴！

**心理学漫画师：亓毛毛**

# 目录

# 学心理的人也不会魔法！

作为一种神秘又特殊的职业，“心理从业者”经常承载着许多职业滤镜，或刻板印象。

比如有人认为，学心理的人一定情绪都非常稳定；也有人认为，学心理的人一定有心理问题。

那么，真实的“心理人”到底什么样？我们来列举一些常见误解。

## 1 和“心理人”交朋友、谈恋爱，一定很幸福吧！

你以为的心理人：

真实的心理人：

即便你有一位学心理的朋友/恋人/家人，你也不一定会更幸福。

相比于其他朋友，学心理、懂心理的人也许存在更稳定的人格特征（也可能不），也许对自己和他人的情感体验有更多的觉察和表达力——但他和其他人一样，会有情绪失控的时刻，也会有各种各样的小缺陷和局限性，因为这才是“人”的真实状态。

## 2 学心理的人，都是因为自己有“病”才去学

你以为的心理人：

真实的心理人：

可以说，所有“人”多多少少都有自己的人格阴影和不完整的地方。在这一点上，学心理的人也没有什么不同。

但正因为淋过雨，才会想要为别人打伞。能够洞察和直面自己的破碎，并专注于修通自我的心理咨询师，也被称作“受伤的治疗者”（wounded healers），他们往往更能成为理解和共情来访者的专业人士。

## 3 学心理的人就是“情绪垃圾桶”，他们不会攻击人

你以为的心理人：

真实的心理人：

精神分析师比昂（Bion）曾将心理咨询工作比作“容器”。从这个角度来说，学心理的人的确可能更擅长情感照顾。

但当生活中的心理人觉得不堪重负时，他们也可能比一般人更懂得退后一步、保护自己，做一些自我照顾的事情。毕竟在一架失控的飞机上，“先救自己，才能救人”。

## 4 心理人的情绪状态是健康和完美的

你以为的心理人：

真实的心理人：

没有人的心理状态是完美的，我们也不必刻意追求这种完美。

如果说有哪种心理状态是健康的，那可能是“成为真实的自己”，而不是“成为完美的自己”。允许自己接纳和拥抱每一份真实的情感体验，不管是好的，还是坏的，都允许它们流过自己的生活。因为，真实往往比正确和完美更有力量。

## 5 心理咨询师会随时随地分析自己和别人

你以为的心理人：

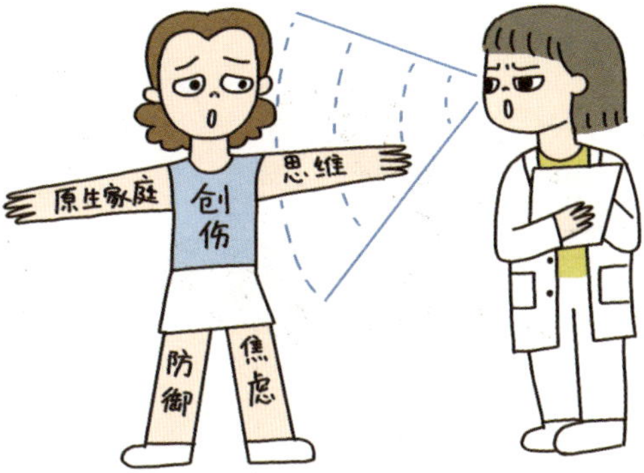


真实的心理人：

心理咨询师的确需要分析来访者的心理，但尊重对方自身的感受和理解是更重要的。

保持工作状态很消耗，心理咨询师也是要“下班”的。在日常生活中，没有谁喜欢被随时随地“扫射”，即使有分析的能力，也能适时“关机”，这样才可以让自己和身边的人都更加轻松。

## 6 学心理的人都很温柔善良，有亲和力

你以为的心理人：

真实的心理人：

总是温柔、善良、有亲和力，常常是人们对心理咨询师的误解。温柔的、犀利的、理智的……这与咨询师本身的人格特质相关。

与其他职业一样，心理行业也有蛀虫。

比如，掌握了一点心理学知识，就以权威人士自居，甚至以心理操控的方式卖课、卖保健品。

或者，在心理咨询工作中违背伦理（比如性侵来访者），利用咨询工作的私密性和自身的专业形象剥削来访者。

请记得，一定不要掉以轻心。相信自己的感受，你有随时离开的权利。

## 心理锦囊

说到底，心理人也是有着七情六欲的普通人。

心理咨询师只是一份“职业”，

他们会发火、会崩溃，

也并不是什么一眼就洞察万物的“神人”。

# 学了那么多心理学知识，怎么还是过不好这一生？

## • “脑子学到了”和“情感上能体会”是两码事

不知道你是否见过这样一类人：

他们说的话乍一听非常有道理，能依托心理学知识旁征博引、引经据典，对自己和他人有强大的洞察力，甚至可以提出改善建议；但他们好似一个问答机器，无法将这些建议融入生活。自己过得也并不幸福。

精神分析师弗洛伊德认为，超理智化（intellectualization）是一种防御机制，也是一种情感隔离。人们片面强调事实、逻辑和推理，是为了防止自己在情感上体会到脆弱。

如果超理智化的人遇到了心理问题，他们的做法可能是：积极阅读大量心理学文献、经典著作和心理学自助科普文章，做PPT总结，写几大本笔记。

如同过去他无数次重复走过的那条道路：遇到问题，就想办法解决。

在社会化的过程中，这一状态受到大多数职场文化和人际关系的推崇，但它阻止了人们变得亲密，也妨碍自我变得完整。因为在动用超理智时，也隔绝了情感的体验和流动。

心理学不仅是一门科学，也是一门艺术；不仅涉及理论知识，也要贯通体验。

有时我们觉得学了很多心理学知识，却对生活没有帮助，这可能是因为我们太“理智”了，以至于透过猫眼看到门外的情绪在那里，却不敢开门，让它进来。

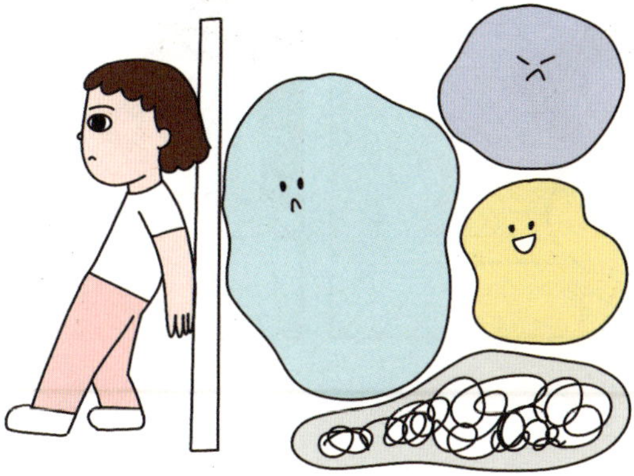

## • 很多创伤的疗愈，最终要回到真实的关系里

许多心理治疗师认为，比起心理学知识、技术和流派，更重要的是人际关系能否提供“矫正性情感体验”。

“矫正性情感体验”一词是由心理学家弗朗茨·亚历山大（Franz Alexande）和托马斯·弗伦奇（Thomas French）在1946年提出的。意为：当你在安全的环境中描述过去的负性情感事件时，对方以一种充满善意和爱心的方式回应你，从而纠正了过去的情感体验。你由此产生新的情感体验，也发展出新的视角和能力。

比如：

有研究表明，在心理咨询中，使咨询起效的最重要的因素是“治疗联盟”。也就是说，最重要的疗效因子是治疗师与来访者之间协同合作的关系。当你遇到了合适的咨询师，就可以增加获得矫正性情感体验的概率。

矫正性情感体验，也可以在日常生活和亲密关系中得到。比如：交朋友、谈恋爱、养宠物、运动或发展一门兴趣爱好。

就算暂时无法获得这样的体验，也没关系。我们可以尝试给困在创伤记忆中的自己写信，在内心的梳理和对话中拥抱自己。

## ● 心理学并不总是教人如何变得快乐，每一种情绪都值得体会

心理学是一门致力于理解人类行为的学科。它有四大目标：描述、解释、预测和改变人类行为。

## 1 描述、命名某种现象或行为

比如：“情绪性进食”是一个人因需要缓解负面情绪而大量进食的现象。

## 2 解释为何发生这种现象或行为

比如：与生理性的饥饿相比，用食物填满肚子让人感到被爱和安全。

## 3 预测这种行为何时、如何发生

比如：当一个人感到孤独、受挫、被批评时，他更倾向于用食物来安慰自己。

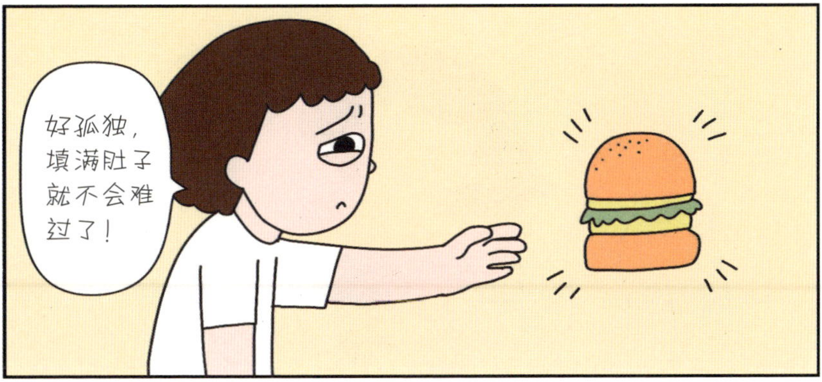


## 4 改变那些有害的行为

比如：正念进食有助于一个人把注意力从食物转移到内心感受上，从而缓解情绪性进食。

心理学并不一定让人感到“治愈”（自我发现的过程甚至可能是痛苦的），但它会帮助我们更真实地审视生活，更安全地感受每一种情绪。

因为每一种情绪都值得体会，每一种情绪都有它的作用，它引领我们找到那些被隐藏和深埋的需求。

比起“帮人们过得更好”“教人变得更快乐”，心理学所说的“情绪管理”，并不等于回避、压抑负面的感觉，而是对所有的情绪一视同仁、平等接纳、勇于感受。

# 心理锦囊

心理学家桑多尔·拉多（Sandor Rado）曾说：

“单凭洞察力无法治愈任何东西，只能治愈无知。”

所以，不要光是“学习”心理学知识，

也要学着打开自己，好好感受这一切。

兴奋、愉悦、平静、愤怒、

失落、遗憾、悲伤、焦躁……

与每一种情绪打招呼，

也让未知的感受、体验、关系涌进生活。

# 心理学是否高估了原生家庭的影响？

大众认知里，“心理学”似乎有一种解释问题的趋势，即“父母皆祸害”，倾向于把成年人的心理问题归咎于他们的童年创伤和原生家庭——是父母（尤其是母亲）的错让你变成这样的。

为什么要把这个世界上的所有问题怪罪于父母？心理学是否高估了原生家庭的影响？

## ● “原生家庭”为何如此重要？

家庭是孩子出生以后遇到的第一个社会环境，糟糕的养育方式，在大多数心理健康问题中起着重要作用。

心理学史上有一些著名的实验结论，能够佐证以上说法：

# 1 童年坎坷的孩子，成年后更易出现身心问题

1995～1997年，美国凯撒医疗集团（Kaiser Permanente）进行的不良童年经历研究，是历史上对“儿童被虐待和忽视与晚年健康和幸福的关联”的最大规模的调查之一，超过17,000名孩子参与了这项实验。

研究显示，童年有多种不良经历的人，往往比没有（或很少有）不良经历的人，更易在成年后出现身心问题。

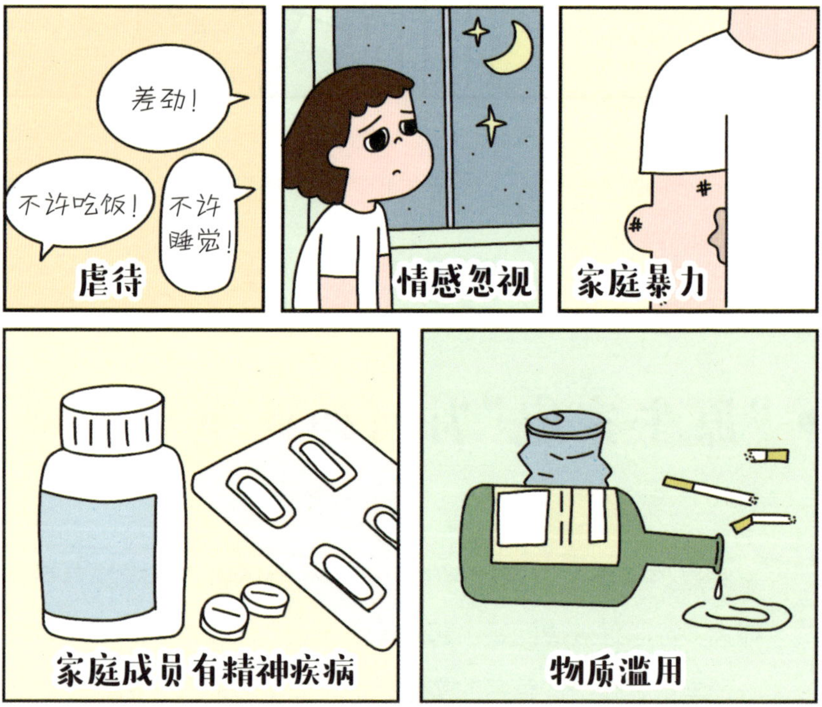

当然，这并不是说从小被家长虐待的孩子，一定会过得不好。

研究所显示的是一种数据之间的相关性，是一个事实的切面，远不能论断一个人的必然遭遇或概括其人生的复杂程度。

## 2 不被好好养育的恒河猴幼崽，更容易受到欺凌

20世纪50年代末，心理学家哈利·哈洛（Harry Harlow）做过一系列饱受争议的实验——在恒河猴幼崽出生后，立即将它们带离母亲身边，放在两组有“假妈妈”的笼子里。

一个假妈妈由柔软的毛巾布盖着（很柔软但不提供食物），一个假妈妈是由铁丝制成的（硬邦邦的但提供食物）。

结果发现，小猴崽只有在饥饿时才会去找铁丝妈妈，大部分时间都抱紧毛巾妈妈。如果笼子里放进了吓人的东西，猴崽会第一时间去找毛巾妈妈寻求安慰。

随着时间推移，哈洛还发现，由于假妈妈们不能提供互动，这些恒河猴幼崽长大后和普通的猴子不太一样：它们不知道如何与同伴互动，容易受欺负，不知道如何捍卫自己的食物和领地，也更难谈恋爱。

这些现象足以说明：好的养育环境，不仅仅要满足婴儿的生存需求，还在于能为孩子提供身体接触，能与他们玩耍和互动，对他们的情绪敏感。

## 3 孩子与父母最初的依恋，会形成一套“情感互动的语言”

20世纪70年代，心理学家玛丽·爱因斯沃斯（Mary Ainsworth）设计了一项实验，观察孩童与其照顾者之间的早期情感依恋关系。在她的研究中，父母需要将12～18个月大的婴儿放在陌生房间内单独待一会儿。

研究发现，当养育者在日常生活中对孩子的需求有高质量的照顾和敏感反馈时，孩子倾向于表现出一种安全型依恋的状态——在陌生人面前不那么慌张，可以独自待一会儿，等父母回来时高兴地张开双臂迎接。反之，孩子倾向于表现出不安全型依恋的状态（比如焦虑、恐惧或回避），他们要么大哭大叫、无法独处，要么对重新回到自己身边的父母表现得冷漠。

当我们还是孩子时，我们从家庭中习得了一套“情感的语言”。比如：爸妈是爱我的、爸妈会满足我的需要；或者，爸妈是不值得相信的、爸妈会时不时地抛弃我、我对他们来说不重要。

所谓依恋，就是婴幼儿与主要抚养者之间形成的最初的社会联结。早期的依恋关系会为孩子提供一个“内部工作模式”，成为未来人际关系的模板。

许多研究告诉我们，成人在亲密关系中表现出的依恋模式是与亲子关系相对一致的。

## 将心理问题跟原生家庭联系起来，不等于“责备”

然而，与父母的关系并不是影响个人发展的唯一因素，决定一个人“是什么样”的因素复杂多样。比如：遗传、环境、重大生活事件、人际关系质量、经济和社会状况、生活方式（如摄入酒精和其他药物）等等。

一些人确实倾向于将自己的失败归咎于父母，因为“受害者视角”有时也存在吸引力——这样就可以不用对自己的生活负责了。

将一个人的心理健康与原生家庭联系起来，并不是为了责备父母。它更重要的意义是使人看到：你的感受是有道理的，这并不都是你的问题。

内在批判、羞耻感、情感隔离，或认为自己不值得拥有一段健康的关系……这些不恰当的防御机制都曾经帮助你“活下来”。

这种理解和区分，有助于深陷痛苦的人纠正认知扭曲，把那些射向自己的“明枪暗箭”丢出去。

在心理咨询室中，父母常常会把孩子遇到的问题归咎于孩子，似乎他们生来就有这样那样的毛病，“孩子本身有问题”。

所以，经典的家庭治疗理论强调一个“常识”：孩子常常反过来为父母对待他们的方式负责。因为忠于家庭的孩子，会与父母“合谋”，孩子会将问题归咎于自己的缺陷，觉得自己本来就不足够、不配、不值得。

对许多人来说，责怪父母仍然是一个非常困难的动作。孩子无法向父母表达不满，因为父母常常是上位者。父母“拥有”孩子，是不可否定的权威。

从这个层面看，将心理问题与原生家庭联系起来的意义并不在于“责备父母”，而在于能让孩子放弃自我攻击，走向真正的独立和自由。

# 即便原生家庭不幸，我们也有机会改写命运

原生家庭不幸的人，就一定没机会变好了吗？

并不是这样。20世纪90年代，心理学家理查德·泰德斯基（Richard Tedeschi）和劳伦斯·卡尔霍恩（Lawrence Calhoun）发现，创伤不只会带来挫折，也会带来磨砺和成长。经历创伤后，约有一半到三分之二的人会获得积极改变。

他们提出“创伤后成长”这一概念，阐述人们在经历逆境和创伤后，获得了更积极的变化的现象。

这些积极改变主要发生在5个方面：

## 1 对生命的感恩

对于许多创伤幸存者来说，即使是最细碎的小事（比如早晨的咖啡香气、孩子在操场上打篮球的笑声）也能给他们带来幸福。

## 2 与他人的关系

他们与家人的沟通变得更顺畅，更少发脾气（因为有些事不再困扰他们了），利他性更高，人际关系也更加紧密。

## 3 生活中的新可能性

他们意识到自己应该去做任何想做的事。

## 4 个人力量

他们形成了新的生活原则，对自己想要的未来不再踟蹰。

## 5 精神成长

创伤使他们在精神上获得一种开悟感。他们学到了人生中最重要的事，领会到了终生受用的一课。

也许“原生家庭决定论”听起来特别让人沮丧，但人的命运并不完全是浮萍草芥般的存在，任由摆布，而是可以通过有意识的觉察来改写的。

心理学家布莱恩·利特尔（Brian Little）认为，每个人都有三个“自我”，包括：生物性自我（基因和遗传下的自我）、社会性自我（社会背景和文化中的自我）和个体性自我（你决定做什么，你想成为一个什么样的人）——个体性自我甚至可以反过来影响基因表现，改写人格特质。

例如：“社会角色”就是一个实证有效的性格预测因素。如果你在一个要求尽责、细心的岗位上工作，你就可能会被训练成一个更有责任感的人。

在这个过程中，我们可能常常需要回溯自己的过去，以窥见不断重演的关系模式。因此，与其说心理学将一切问题归咎于原生家庭，不如说，它让我们理解自己为何成为当下的样子。

## 心理锦囊

了解原生家庭如何塑造了我们，

并不是为了推卸责任。

而是通过反思和理解我们的来处，

更有意识地生活，

更真切地走向自己。

# 心理学标签化的危害有多大？

# • 心理学标签化的危害

## 1 凭借短暂的相处或者片面的观察，就对某个人“定性”“下论断”，既是一种情绪暴力，也是一种傲慢

没有谁有“一眼看穿”的能力。某种行为或特征，也不足以概括一个人的人生。

## 2 “标签即本质”的论调，可能会阻碍一个人的发展

一项著名的心理学研究发现，如果告知随机选择的一组小学生“智商测试显示，你们的智商很高（低）”，8个月后，这些孩子的智商得分就真的会更高（或更低）。

语言塑造现实，标签可能导致“自我实现的预言”。盲目贴标签会影响一个人对自己的看法，还可能限制他的潜力。其实，人的一生都处于发展之中。即便是相对稳定的性格、人格或依恋类型，也可能随着关系、环境的变化而流动、变化。

## 3 不准确的标签可能会助长痛苦的情绪

在很多情况下，标签意味着一类认知扭曲，即以偏概全。

有时贴标签这个行为会让我们把“一次失误”解读为“终身的失败”，把“一次偏离预期的行为”解读为“不可调和的矛盾”……对人对己，都可能造成情绪上的痛苦。

## 4 被贴标签，可能会抹杀一个人的丰富性

每个人都是多样而丰富的个体，这并不是某个单一标签所能概括的。

如果你只是看了几篇文章，就自我对号入座为“抑郁症”（而没有得到专业诊断），这个标签所导致的自我认同，可能会造成一种自我限制。

即使你被医生诊断为抑郁症，这个名称也并不能准确概括你是谁。

一个抑郁的人

也可能是一个喜欢跳舞的人

是一个乐于助人的人

是一个肠胃不好的人

是一个喜欢散步和养绿植的人

是一个擅长辅导小朋友的人

而不只是“抑郁症患者”……

## 5 心理名词“武器化”，可能会让真正的患者难以求助

出于贬低和攻击他人而使用的标签，比如神经病、NPD（自恋型人格障碍）……可能会加重真正患者群体的污名化和社会排斥，使他们对寻求家人、朋友或心理咨询师的帮助感到羞耻。

## • 一个人错误地使用心理学标签，这可能意味着什么？

（1）他想用一种可归纳的方式获得安全感，以此来应对复杂的环境。

（2）他将自己置于权威的位置，杜绝“平等对话”的可能。

（3）他将自己的负面情绪隐藏起来，利用心理名词完成了一次“被动攻击”。

（4）他对自己的感觉不太确定，难以直接而正面地表达不满。

（5）他想通过贴标签的方式，将自己与对方“区隔”开来。

## ● 如何使用心理学标签？

### 1 正确认识心理名词的用途

心理名词是一种理解自我和他人的工具，可以帮助我们命名当下的感受。

“命名”是一种强大的力量。当我们偶然发现有个名词精准击中了自己的处境，它就能帮我们获得一些内部控制感。

但心理学名词只是一个新视角，提供了一种新理解，千万不要用一个标签判自己和别人“死刑”。

## 2 对于某个人当下的某个行为，不要轻易推论到他的本质

如果有人做错了什么，这并不意味着他一定是个坏人，他也可能是一个与我们价值观不同的人。

当不了解事情的全貌时，请克制自己的判断，拒绝管中窥豹。

这对于自己也适用。

如果一次考试不及格，你可以这样描述自己的处境：这一次我没考好。而不是轻易认为自己脑子笨，给自己贴上“后进生”的标签。

## 3 仔细觉察：你为什么需要心理学标签

诺贝尔文学奖获得者托妮·莫里森（Toni Morrison）曾说：“定义属于定义者，而不是被定义者。”这句话的意思是，给别人贴标签这个行为，通常反应的是贴标签者的需要。

你可能感到现实困境太复杂、难以应对，也可能想表达对一个人的不满——问问自己，这个动作背后，反映了你的什么情绪和需要？

## 4 不要关注标签，而是关注自己的感受

如果你身处一段不健康的亲密关系，对方有许多侵犯你边界的举动，他使你自我怀疑、不舒服，但你难以表达，不必关注哪些行为是否符合某个心理疾病的定义（诊断是专家的工作），而只需要关注他的哪些行为让你不舒服。

不舒服的感觉，不需要得到某个标签的佐证才能成立。
决定改变或离开一段有毒的关系，有一个人不舒服就已经足够。

## 5 理解一切都会改变，用发展的眼光看待自己和他人

人是处于不断发展中的。虽然标签能使我们快速认识一个人或一件事物，但也会使偏见和先入为主的想法趁虚而入，使我们的眼光和观念受到限制。

如果你想突破这种限制，可以尝试先从一个小小的行动开始：用“动词”来描述自己和他人。

## 心理锦囊

“你”多样而丰富，“你”不是任何一个标签。

心理学是一门与人为善、追求自由和幸福的科学。

我们学习心理学，是为了理解自己，而非评判他人。

# 心理学并不是一件戳穿别人的利器

其实，比戳穿更重要的是慈悲之心！

## ● 每个人都带着一定程度的“防御”生活

有人认为，高明的心理咨询师，能直截了当地戳破别人的伪装。因为“心理防御”会蒙蔽认知、阻碍成长，给生活增添诸多麻烦。

但实际上，我们每个人行走世间，或多或少都带着一些心理防御。

弗洛伊德认为，心理防御是一种无意识的自我保护机制，能让我们免于面对无法承受的焦虑，回避不舒服的感觉。只有当心理防御被过度使用，才有可能导致心理问题，比如焦虑和抑郁。

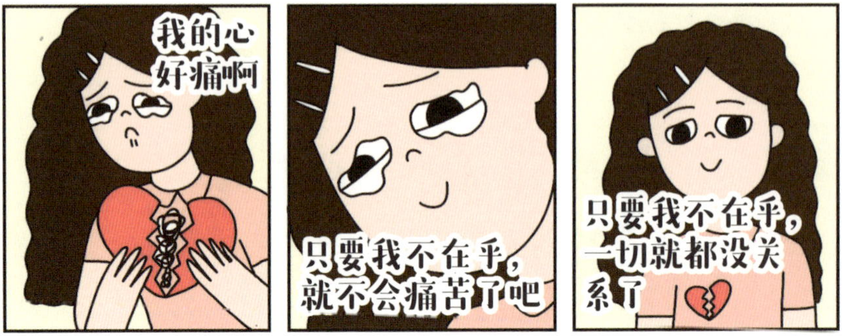


所以，一个好的咨询师不会强拆防御，而是让来访者的防御维持在一种恰如其分的状态。

更重要的是，专业的心理咨询师应当始终关注来访者的成长进程并在意来访者现阶段的感受。一个以“人的情感”为工作对象的职业，把伤口割开是非常简单的，但绝不能割开了伤口却不缝合。

## • 什么是心理学中的“防御”？

防御，也叫防御机制（mechanisms of defense），它们帮助我们防御一些无法接受的糟糕情绪。我们通过防御，将痛苦的感受、体验、想法甚至是记忆，阻挡在意识之外。

防御机制分为原始性防御机制和成熟的防御机制，它们之间的区别在于：原始性防御机制往往出于本能，可能通过极端的方式否认或歪曲现实；而成熟的防御机制具备一定的现实检验能力，能平衡现实与心理需求。

## • 常见的原始性防御机制

（1）否认：拒绝承认负面体验存在。

（2）分裂：评价事物只有“绝对好”和“绝对坏”。

（3）投射：把自己的想法、情感和行为归到其他人身上。

（4）全能控制：每时每刻都要体验到全能的控制感。

## ● 常见的成熟的防御机制

（1）压抑：有时候我们会无意识地压抑一些情感。

（2）理智化：用过度偏向认知的方式来应对冲突。

（3）反向形成：外部行为和内在动机是相反的。

（4）合理化：当追求的目标无法实现时，为自己找到理由。

（5）置换：把对某个人或某件事的感受，放到另外的对象身上。

（6）升华：将原始的、通常不被社会接受的冲动或欲望转化为更高级的、更被社会接受的行为或活动。

我们每个人，每一天，其实都在使用防御机制，使用的过程可能是无意识的，也可能是有意识的。防御机制几乎充斥在我们各种各样的感觉、认知、情绪和行为当中。

## • 适应不良的防御有什么危害？

如果我们过于依赖原始性防御机制，或者某种单一的防御机制，就可能导致一些适应不良的后果。

缺乏成熟的防御机制，同样也可能增加适应不良的风险。

这些后果和风险包括：

（1）习惯自我欺骗。

（2）难以表达真实情感。

（3）反复陷入同样的困境。

（4）人际关系困难。

## ● 防御机制是如何形成的？

每个人都有自己偏好的防御机制或防御机制组合。它是在我们的成长过程中，由以下4个因素交互决定的。

（1）个人的气质。

（2）早期童年经历。

（3）模仿父母或其他重要他人的防御。

（4）使用特定防御后获益。

成长的过程中，如果没有防御机制，我们可能很难克服一些无法承受的恐惧，或者很难满足内心所渴望的秩序与和谐。

因此，人的心理和身体是一样的，都有一个神奇的保护系统，来保护我们不受到外界的侵害，维持内在的稳定和平衡。对于身体来说，这个系统叫作免疫系统，而在心理层面，它就叫作防御机制。

防御机制是我们适应环境、远离威胁、维护自尊心，以及回避那些强烈且痛苦的情感时，必不可少的工具。

## • 好的咨询师会如何处理防御？

几乎所有人都带着一定的防御生活。我们会否认，会投射，也会渴望全知全能。

一个好的咨询师，能够更加动态地理解来访者的防御：只有当我们过于僵化地依赖原始性防御机制，或者缺乏更多的、成熟的心理防御策略时，咨询师才会围绕来访者适应不良的防御机制进行“手术”。

在此期间，咨询师需要：

（1）对来访者可承受的范围和程度，保持觉察与评估。

（2）与来访者建立安全、稳定、信任的关系。

（3）优先增加成熟的心理防御策略。

（4）在以上前提下，和来访者一起尝试减少原始性防御机制。

（5）这个过程是循序渐进的，全程秉持不伤害（Do no harm）原则*。

*不伤害原则是心理咨询最基本的准则，也是对咨询师基本的伦理要求。它表示，咨询师任何的干预，都必须在不伤害来访者的前提下进行。

## 心理锦囊

作为阻碍，防御是个“坏东西”；

作为保护，防御也是个“好东西”。

自我成长和心理咨询的目标从来都不是除掉防御，

而是更灵活、更健康地使用它们。

没有经过谨慎评估而“强拆”防御，

就像使来访者在没有免疫力的情况下暴露在病毒之中，

可能对来访者造成剥削。

如果你在心理咨询中体验到不安全地“被戳破”，

请相信，你随时有权利离开这段关系。

# 有病的人才会去做心理咨询吗？

有病的人才做心理咨询，这是对心理咨询最常见的误解。

我们的一生中，都会遇到各种各样的难关，也会时常在心理层面感觉被困住。这时，我们可以选择寻求心理咨询师的帮助。梳理自己的感受，探索自己的行为模式，与咨询师建立一段安全的关系。

这也是接受心理咨询的人不叫“患者”，而叫“来访者”的原因。

## 在什么情况下，可以去做心理咨询？

每个人可能带着不同的目标走进咨询室，当你在生活中遇到以下情况时，可以考虑寻求心理咨询的帮助。

### 1 情绪困扰

情绪低落、压抑，感到委屈，愤怒无法排解，或者焦虑不安。

## 2 出现身体上的不适感

失眠、疲劳、食欲不振，或者遭受无法查明病因的慢性疼痛。

## 3 持续存在和反复遇到同样的困境

例如讨好、拖延、孤独、无意义感等等。

## 4 人际关系困扰

各种关系中的沟通不畅和交往不顺，包括但不限于家庭关系、恋爱关系、亲子关系、朋友关系和普通人际关系。

## 5 遭遇有压力的生活事件

学业、职业或者生活中遇到了一些挫折。

## 6 自我探索和自我成长

期望更加了解自己、接纳自己，提升内在的能量。

简单来说，有任何情绪和感受层面的不舒服，你都可以找心理咨询师聊聊。

与朋友不同，心理咨询师会更加聚焦于“你”。他们会保持专业、仔细倾听、与你同在，帮助你修复、维护和促进心理健康。

# • 心理咨询的过程是怎样的？

一般情况下，心理咨询会以谈话的方式展开，一些咨询师也会借助沙盘、音乐、绘画、戏剧、游戏等其他形式与来访者工作。

你大概率会在心理咨询中经历：

（1）关照自己的感受、情绪体验。

（2）探讨你对事物的认知和看法。

（3）厘清过往惯用的行为模式和应对策略。

（4）聚焦并发展出新的解决问题的办法。

（5）找到并强化内在的资源。

（6）咨询师在充分了解你的情况下，提供一段有修正性体验*的人际关系（即咨访关系）。

*修正性体验，是指来访者在咨询关系中获得与以往不同的、积极的情感体验，例如被重视、被看见、被接纳，这种体验能够帮助修正负面的自我认知和不良的关系互动模式。

## ● 心理咨询能产生哪些效果？

（1）缓解痛苦、减轻症状，远离负面情绪或负面认知的“黑洞”。

（2）增强适应性，在家庭、学校、职场等环境以及人际互动中更加适应。

（3）人格的重构和完善，实现自我状态的协调。

心理咨询按照时间长短，通常分为短程（4至8次）、中程（20次左右）、长程（50次以上，或者持续数年），随着咨询进程和咨访关系的发展，咨询能够促成的改变也会更加充分和深入。

## • 什么情况下，需要考虑去精神科就诊？

事实上，与常见的认知恰恰相反——建议重性精神疾病来访者，尤其是在急性发作期或者存在自杀危机时，首先前往医院精神科就诊，而不是去做心理咨询。在遵医嘱服药的前提下，再考虑进行心理咨询辅助治疗。

“有病”和“非病”的界定，也有严格的判断标准：

**（1）主观世界和客观世界是否统一。**

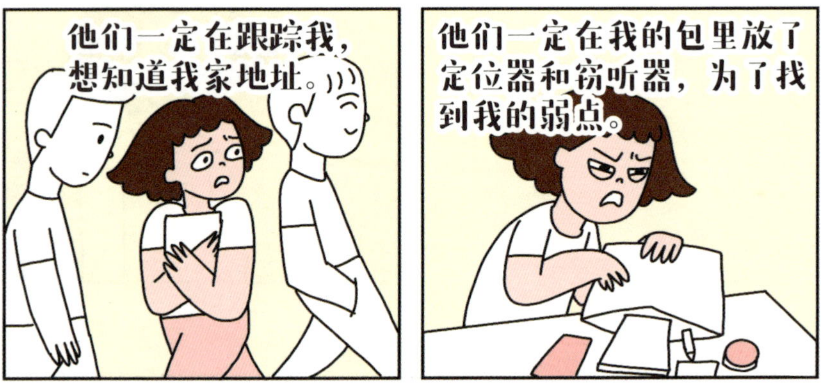

（2）认知、情感、意志是否协调一致。

（3）人格是否相对稳定。

请注意，有诊断权、能开药的是精神科医生。心理咨询师不能进行疾病的诊疗，只能帮助识别和评估。

## ● 如何应对心理咨询的“病”耻感？

（1）了解心理咨询的本质，心理咨询不等于“治病”。

（2）试着接纳自己的脆弱，是一件勇敢的事。

（3）选择让自己感觉更安全的咨询形式，例如视频咨询、团体咨询。

（4）与咨询师讨论你对于咨询的感受。

（5）寻找更多的社会支持。

## 心理锦囊

选择心理咨询并不意味着你有病。

请记得，

敢于寻求帮助，不是一种懦弱，

而是一种勇敢。

# 怎么判断自己为心理咨询花的钱有没有打水漂？

有人将心理咨询比作“心灵的健身房”，这意味着咨询和健身一样，需要投入时间、精力和一笔可能不小的花费。健身的效果往往是直观的，肌肉线条就在那里。

但心理咨询的效果却好像很难评估。你可能常常在咨询后感到“我可以了！”结果第二天，抑郁和焦虑情绪卷土重来，又觉得“唉……还是不行”。

我们要如何判断自己在心理咨询上花的钱到底值不值，有没有达到效果呢？

## ● 参考指标 1：你有没有感受到“变化”？

每个走进心理咨询室的人，都带着不同的目的。

咨询师会在一开始和你确认咨询目标，并且在进程中逐步回顾目标的达成情况，这是评估效果最重要的指标。

如果咨询有效，你可能会在2到6个月的时间内，开始在日常生活中感受到一些“变化”：

## 1 你也许不会更开心，但更能耐受情绪、和情绪共处

## 2 你开始尝试一些新东西

## 3 你更加了解和理解自己了

## 4 学习或工作的效率提高

## 5 面对外部压力，更加灵活和适应

## 6 不管面对自己还是别人都更真实了

咨询带来的变化，不一定全都是好的体验。当你开始逐渐深入地觉察和分析自己的时候，甚至可能感到更痛苦。因为在向目标努力的过程中，可能有反复、有波折。

这时候，对咨询关系本身的体验，也是衡量我们咨询费花得是否值得的标准。

## ● 参考指标2：你是否在咨询中，感受到“被看见”？

### 1 你能从咨询师那里得到“积极关注”和“准确的共情”

## 2 你越来越愿意与咨询师谈论内心真实的感受

## 3 即使重现痛苦，也不会感到被“二次伤害”

## 4 你的愤怒、恐惧、“奇怪”都可以被接纳

## 5 你体验到关系逐渐亲近，越来越信任彼此

被接纳、被看见的体验，或许不能直接解决你当下的困难，但可以帮助你减轻内耗的感觉，使你更能积攒能量去面对问题。

## • 参考指标3：你在心理咨询上花的钱，是不是市场价？

以目前的市场水平，咨询师的收费在一小时几百元至上千元不等，不同价位的咨询师也给了来访者宽裕的选择性。

你可以依据这样几个原则，决定在咨询上怎样花钱：

### 1 咨询投入不应该高于你可支配收入的1/4

如果排除日常必要的开销之外，你每月剩余6000元可随意支配，那么你在咨询上投入的钱，建议不超过1500元。

## 2 尽量选择可长期承受其报价的咨询师

咨询往往需要进行一段时间才能看到效果，因此你可以将这笔钱计划为至少几个月的投入，而非一两次的支出。以4000元为例，选择500元价位的咨询师进行多次，可能比选择单次收费2000元的咨询师进行两次，会更有帮助。

## 3 你需要花的钱和咨询目标有很大关系

依据咨询目标，咨询可能是短程的、间断性的或者长程的，这也意味着花费不同。如果以自我成长或者完善人格为目标的话，可能需要好几年的咨询才能有所实现。

## 4 你可以与咨询师商量咨询的频率与费用

咨询设置是由咨询师和来访者共同商量决定的，你可以向咨询师提出增加频率或者降低频率的建议，咨询师会根据他对你的评估与你讨论。

咨询师的收费一般情况下是固定的，但有些咨询师会提供低价名额，你也可以向他询问。

## 心理锦囊

判断你在心理咨询上花的钱值不值，

最重要的是，

你有没有感受到“变化”，

以及，你有没有感受到“被看见”。

# 需要“避雷”的N种咨询师

避雷
套餐只要2999
挽回成功率95.7%
避雷
付款码
你的问题很严重，至少得提前支付半年咨询费。
避雷
你一定要听我的，现在就业环境不好，你的性格适合考研。

心理咨询师是一门“助人”的职业，倡导专业、善意、彼此尊重。

但心理咨询在中国也是一个相对新兴的市场。在相关规范还不完善的情况下，作为来访者，你可能需要提前了解一些知识，擦亮眼睛，才能不让部分“行业蛀虫”有机可乘。

## • 通过了解咨询师信息提前“避雷”

如果你正在寻找咨询师，还没有开始咨询，你有权利要求咨询师提供简历或者基本信息，这些信息里有一些“雷区”，如果你遇见以下这些类型的不靠谱的咨询师，请一定记得“快跑”！

### 1 宣称自己是权威的咨询师

心理咨询师对自己的介绍应该实事求是。将自己标榜为权威，并将五花八门的头衔挂上简历，把自己吹嘘得天花乱坠的咨询师，大概率空有皮囊。

## 2 想跟你“交个朋友”“谈个合作”

咨询师应该有意识地维持工作中的边界。如果一个咨询师见面就叫你“亲爱的”，拉着你加微信，给你的朋友圈评论、点赞；收受回扣或礼物；或在自己的朋友圈宣传各种与心理学无关的内容……请保持警惕，专业的咨询师不会这样做。

## 3 咨询师是你认识的熟人

咨询师应该规避工作中的“双重关系”。咨询师不可以为自己的亲朋好友做咨询，因为在熟人关系中，他容易将自己的感情卷入其中，不能集中关注来访者的利益。

## 4 号称“包治百病”，什么都能咨询

心理咨询不是“包治百病”的奇药，咨询师应该了解咨询的局限性。那些“包你挽回情感”“包治抑郁症、焦虑症”“包几个月痊愈”的人，多半是不靠谱的野鸡咨询师。

## 5 付账时，必须办理套餐、办卡，或一次性购买好几次服务

在正规心理咨询中，你有权随时离开。所谓套餐和办卡，都是利用经济手段将你捆绑在咨访关系中，这是违背咨询伦理的。即便对方表示可以“随时退费”，也请注意远离这种捆绑式的咨询服务。

## 6 不签工作协议/知情同意书

如果你的咨询师没有请你签署工作协议或者知情同意书，那么他再强调自己值得信任、遵守职业道德，都请你不要相信。没有落到纸面的口头协定，不具备任何法律效力。

## 7 否定精神科的作用，认为只有心理咨询有用

靠谱的咨询师不会持精神科无用论，或者认为“只有心理咨询才能解决问题”。心理咨询与药物治疗在很多时候是相辅相成的，绝对不是非此即彼的“二选一”关系。

## 咨询中看到这些行为，请你随时离开

如果你已经在一段咨访关系当中，总感觉哪里不舒服但又说不上来，那么你可以注意观察咨询师是否有以下这些行为，它们预示着你的咨询师可能不太靠谱。

### 1 武断分析，或强行给建议

如果你的咨询师一直在告诉你，你是“不对”的，他才是“对”的，这样的咨询师可能是在打着咨询的旗号满足自己的内心需要，你容易成为他们利用和情感剥削的对象。

## 2 经常更改咨询设置

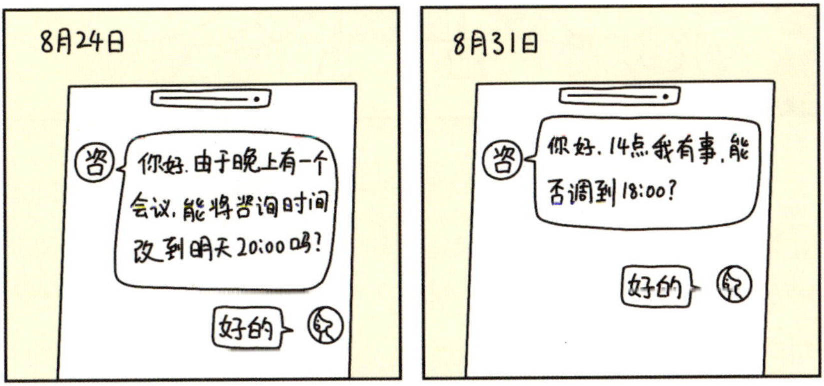


稳定的咨询设置（时间、地点、频率等）是咨询起效的重要因素，如果一个咨询师自己都不能遵守设置，更别说给来访者提供专业上的帮助了。

## 3 未经允许在社交媒体上泄露你的隐私

保密是心理咨询的基本原则，专业的咨询师不会拿着你的隐私和痛苦进行自我宣传。如果希望用你的案例进行教学/科普，咨询师也会经过你的允许之后再这样做。

## 4 大篇幅聊自己的感悟、观点和人生经历

咨询本该是“你”的主场，而不是咨询师侃侃而谈的舞台。一个不能以来访者为中心的咨询师，也不可能发挥咨询真正的作用。

## 5 满足你的全部要求，你说怎样就怎样

如果你想延长时间，咨询师就延长；你想让家人一起听咨询，咨询师就同意——这样的咨询师可能会让你很愉快，但往往他们是最不靠谱的，一切只是为了“套牢”你而已。

## • 应该如何挑选咨询师？

### 1 依据你的偏好

很多人在进入一段咨询关系之前，就已经对某类咨询师存在偏好，你可以将这些偏好纳入考虑。比如：性别、年龄，是否婚育；价格、地点、是否支持面对面 / 视频咨询……你也可以提前了解一下，不同流派的咨询师持有什么样的基本观点，是什么风格。

## 2 学历是一种相对的保障，但这并不意味着高学历的咨询师胜任力一定更强

2017年，国家取消了心理咨询师职业资格考试，鉴于目前市场准入门槛低的现状，我们仍然建议你最好选择那些受过专业教育的咨询师，如持有心理学、精神医学或教育学学历证书的人（虽然这并不是绝对的）。

## 3 找那些在相关领域更有经验的咨询师

如果一个咨询师是真实的，他就一定是有限的，并不会对所有问题样样精通。

有些咨询师擅长处理创伤的问题，有些在伴侣咨询中积累了很多经验。在选择咨询师之前，可以问问他是否对你的议题有把握；再具体一点，问问他的咨询时长有多少小时。

## 4 找那些持续接受督导的咨询师

督导师是咨询师工作的“专业监护人”，没有督导师的咨询师，就像不系安全锁扣的高空作业人员。如果一名心理咨询师持续接受督导，这意味着他对自己的专业胜任力保持警觉和关注。

## 5 请相信你的感觉

有时候，你在咨询中的感觉才是最精准的信号。心理咨询不一定会让你感觉舒适。但不管是感觉被否定，还是不被尊重，都可以尝试跟咨询师聊聊这种感觉。如果你依然认为他的做法不合适，有权随时离开。

### 心理锦囊

每个行业都有浑水摸鱼的人。

请你记得，

在一段正常的咨询关系中，

你是可以随时结束的。

这是来访者的权利。

# 为什么有人很容易“爱上”心理咨询师？

# • 想和咨询师谈恋爱，我正常吗？

## 1 来访者爱上咨询师是很常见的

心理咨询的本质，就是以“爱”为基础的。

当我们谈论内心最脆弱的情绪、最见不得人的秘密后，竟然发现对方会积极倾听、理解和接纳——这种充满安全感的体验，可能恰好就是我们一直在亲密关系中寻觅的东西。

## 2 咨询师可能会被想象成一个“理想的拯救者”

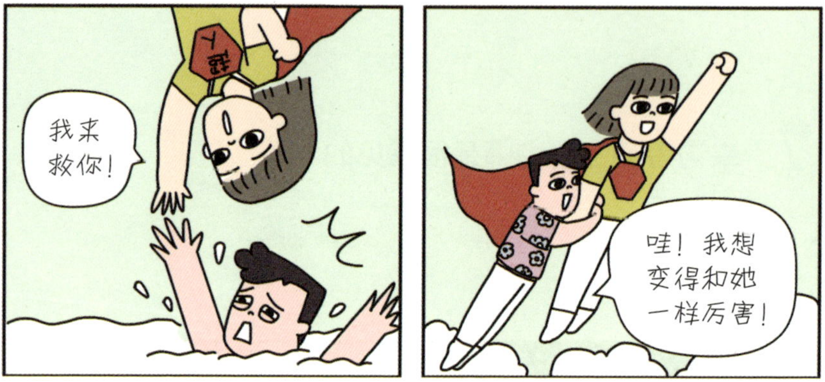


自体心理学家科胡特认为，当我们与欣赏或者钦佩的他人形成联结时，容易产生一种安全的、有力量的感觉或者饱含激情的体验。我们渴望与理想的客体相融合，想要成为他。

## 3 心理咨询有严格的限制，这可能会让“爱”更有吸引力

有限的事物总让人感觉更加珍贵，就像商品的限量款。有限的时间设置、私密的空间设置，都可能激发出一种“爱而不得”的体验，这让咨询师显得更有吸引力。

但是，“爱上”咨询师后，你可能会有很复杂的感受。

我们之所以将这种“爱”打上引号，是因为这种情感并不是真正的爱情，它是心理咨询中常常出现的“移情”。

# • 什么是咨询关系中的“移情”？

移情（transference），指的是我们将过去对生活中重要他人的情感、想象和态度，投射到了咨询师的身上。一旦咨询师成为那个“合适”的对象（客体），我们的情感就会被自动激活，并且对咨询师做出反应。

移情有正向的，也有负向的：

正向移情，是指来访者对咨询师善意的、亲近的正向情感；

负向移情，是指来访者对咨询师拒绝的、攻击的负向情感。

无论正负，移情都是心理咨询起效的重要因素之一。

它就像一个大荧幕，将我们内心深处的渴望、迷恋、恐惧、矛盾和种种未被满足的需要，在和咨询师的关系中演绎/播放了出来，让我们真实地看到了它们，从而有机会在意识层面处理它们。

# 为什么移情不是真正的爱？

咨询中产生的移情，并不是真正的爱情，它与爱情之间的区别在于：

## 1 我们的情感指向，并不是咨询师这个具体的人

在心理咨询中，我们的一些情感被唤醒了，它们并非指向咨询师这个具体的个体，而是我们内心深处对重要他人的感受和渴望。

换句话说，如果不是“这位”咨询师，来访者也可能对“下一位”相似的咨询师产生同样的情愫。

## 2 咨询师展现的，只是和职业相关的一部分

来访者看到的咨询师，是工作状态下的咨询师，而不是日常生活中的咨询师。

虽然一般情况下，咨询师的人格特质在咨询室内外基本一致，但这不代表咨询师会使用同样的互动方式去处理日常生活中的关系。

## 3 这种情感投射，不是自我的选择

移情的发生带有强迫性重复和不受意识控制的特性。

这个过程好比一个对花粉过敏的人，走近花圃就开始打喷嚏。这不同于在经过感受、思考和自主选择后，决定喜欢哪一朵花——而后者才是爱情发生的过程。

## 4 咨询关系中的权力是不对等的

爱情的双方是独立、平等的个体，但在咨询关系中，咨询师和来访者可能并不平等。有些咨询师将自己视为关系中更权威的一方，甚至利用信任，轻易操纵来访者的心理状态，对来访者造成伤害。

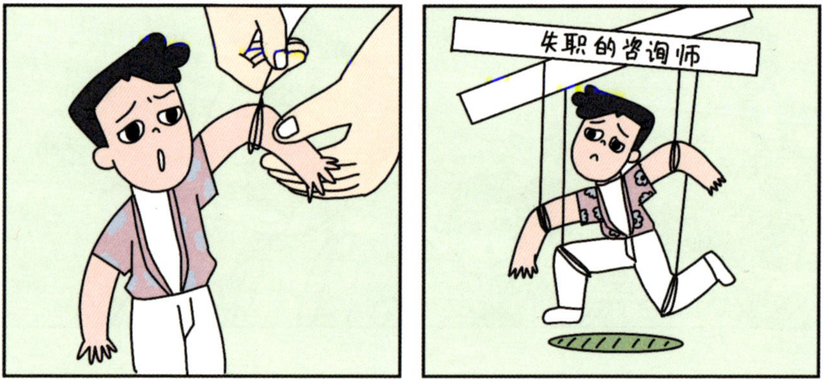


因此，心理咨询伦理守则明确要求，咨询师在咨询关系中，或在咨询关系结束后三年内，不可以与来访者发生任何形式的性关系或者亲密关系。

这不是对你的“拒绝”，而是对你的“保护”。

## ●“爱上”咨询师的你，可以做些什么？

### 1 允许一切情感的流动和发生

“爱上”咨询师，这本身不是你的错。它反而是一个机会，让我们去看见和改变自己。

### 2 和咨询师分享你的各种感受，包括爱和恨

一个有胜任力的咨询师，能够理解你的爱慕，也能够涵容你的恨意。

咨询师越了解你对他的感受，咨询的效果就会越好。

## 3 如果咨询师答应和你谈恋爱，快逃！

突破专业伦理的咨询师更有可能伤害你。

千万不要相信和接受咨询师提出的，任何有关性或者浪漫关系的邀请。

## 4 如果这种情感让你非常痛苦，结束也是一种选择

如果你和咨询师已经有过充分的讨论，但仍然感到痛苦，这时候更换咨询师也许是好的选择。

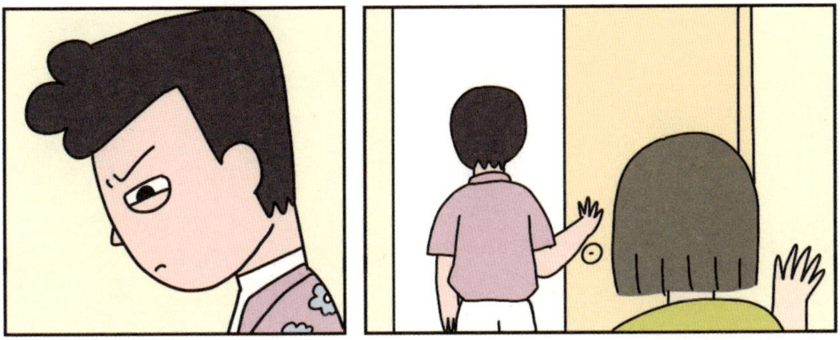

## 心理锦囊

在咨询中“爱上”心理咨询师很正常，

但这并不是真正的爱，而是一种移情。

专业的咨询师既能够理解你的喜欢，

也能够坚守边界。

这是咨询师能够给予的“爱的同义词”。